S 4535

LA CULTURE

CONNAISSANCES UTILES ET PRATIQUES

EN AGRICULTURE

MISES A LA PORTÉE DE TOUS

PAR

A. BERLIOZ

Propriétaire à Saint-Ismier

GRENOBLE

IMPRIMERIE DU COMMERCE

H. VINCENT ET L.

Rue de Strasbourg, 9

1885

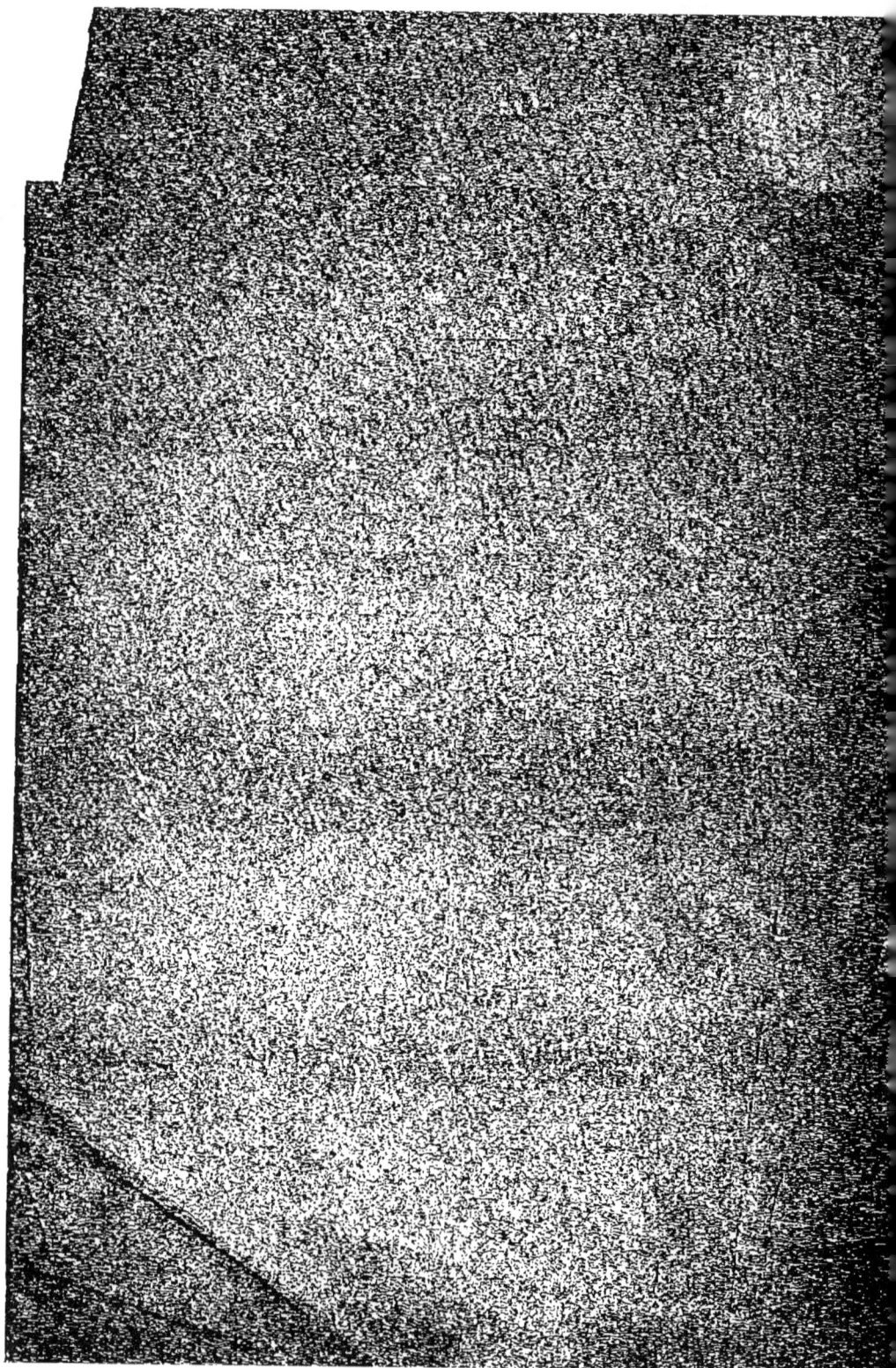

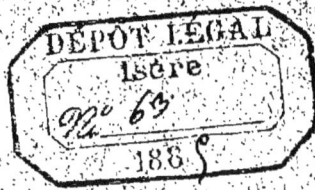

DÉPOT LÉGAL
Isère
No 63
1885

LA

CULTURE

CONNAISSANCES UTILES ET PRATIQUES

EN AGRICULTURE

MISES A LA PORTÉE DE TOUS

PAR

A. BERLIOZ

Propriétaire à Saint-Ismier.

GRENOBLE

IMPRIMERIE DU COMMERCE

H. VINCENT ET Cie

Rue de Strasbourg, 9.

1885

8°S
4731

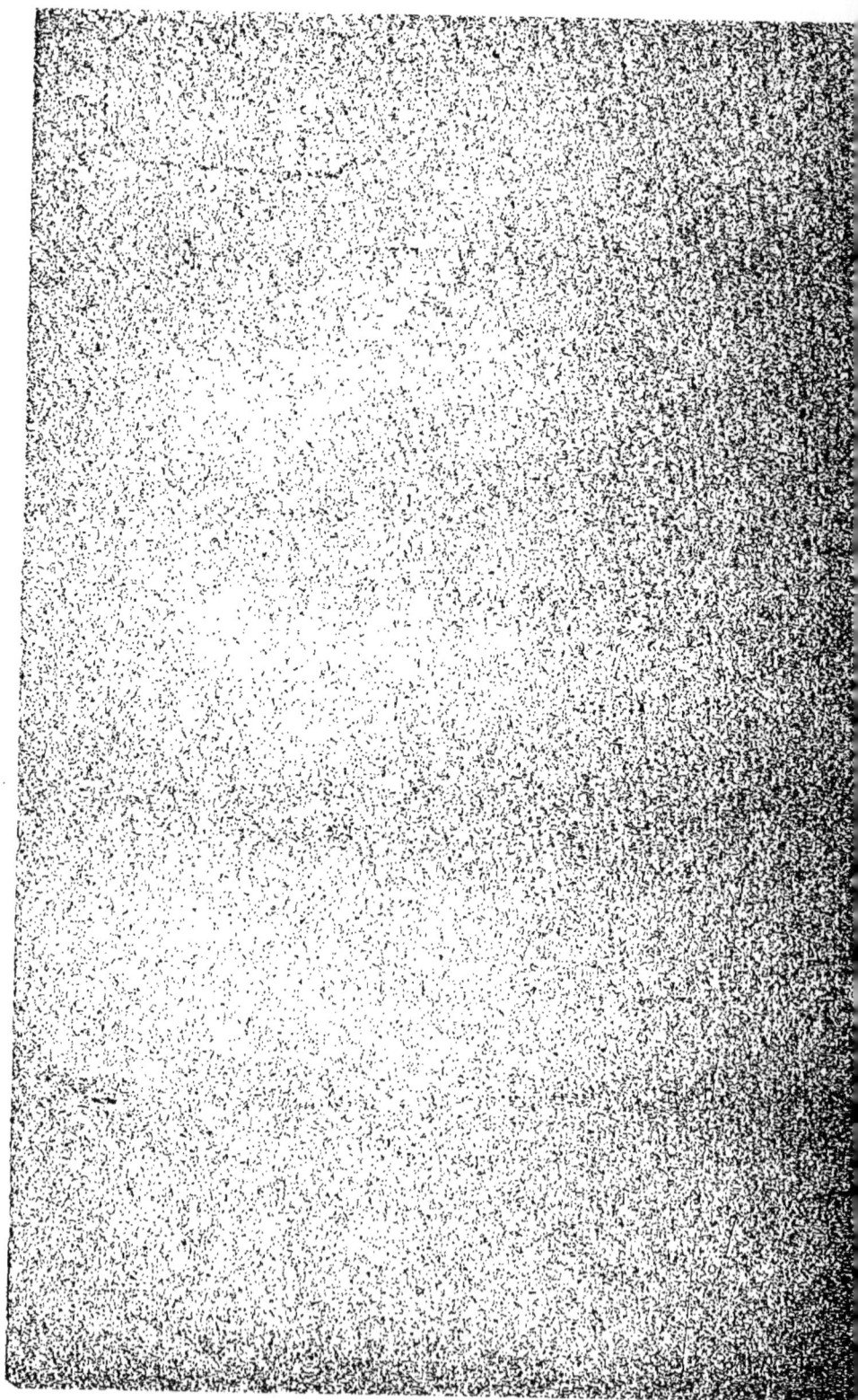

AVANT-PROPOS

L'agriculture traverse une période d'épreuves due à la concurrence entre le monde ancien (Europe) et les sociétés nouvelles (Etats-Unis d'Amérique), plus favorisés que nous sous le rapport de la main-d'œuvre et des conditions naturelles (terre vierge et très productive), épreuves qui tiennent également chez nous à l'épuisement du sol, sur lequel les maladies ont alors plus de prise.

Il est urgent, si nous voulons lutter et résister, de transformer notre ancien système de culture par des machines perfectionnées qui suppriment en grande partie la main-d'œuvre et par des engrais plus puissants et plus appropriés aux diverses cultures.

C'est ce que nous allons étudier dans ce résumé, en cherchant les moyens les plus propices, à notre sens, à atteindre ce but.

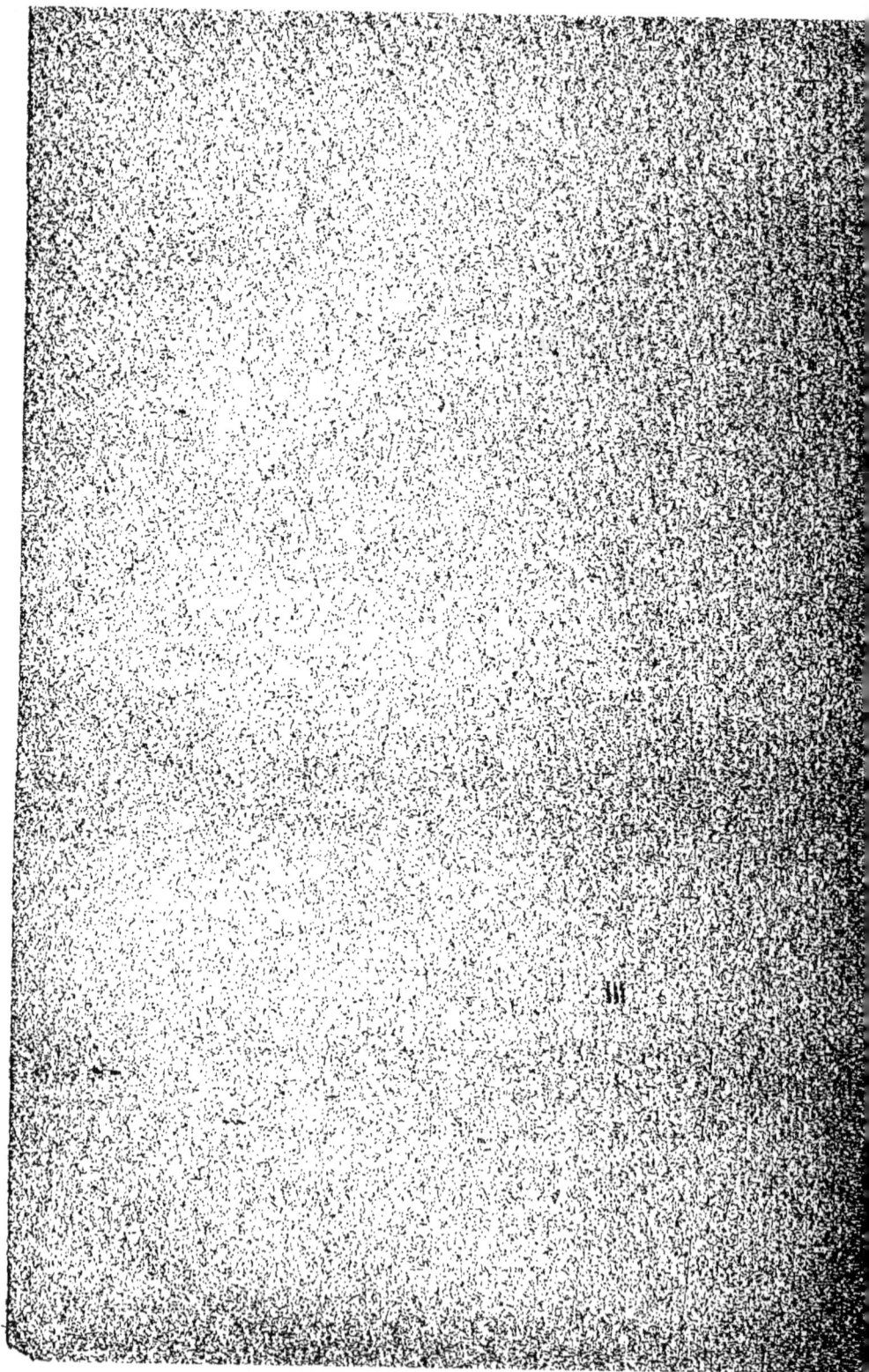

LA CULTURE

CONNAISSANCES UTILES ET PRATIQUES

EN AGRICULTURE

MISES A LA PORTÉE DE TOUS

~~~

1° Cultures diverses. — 2° Les Engrais chimiques
et le Fumier. — 3° Engrais chimique. — 4° Assolement et Ecobuage. — 5° Le Fumier. — 6° Achat
d'Engrais chimiques. — 7° Soins à donner à la vigne.
8° Phylloxéra et oïdium. — 9° Composition et analyse
du sol par les plantes. — 10° Instruction agricole.
11° Désastres. — 12° Horticulture.

Condamné à garder la chambre, par suite d'un accident,
je profite de ces instants de repos forcé pour m'instruire et
résumer, dans quelques pages, ce que j'ai cru trouver d'utile
dans les ouvrages d'agriculture que j'ai parcourus et dans
la pratique que j'ai acquise moi-même.

Ouvrages que j'ai consultés pour faire ce résumé : Georges Ville
(Engrais chimiques), Blondeau (Culture selon la science), Gueymard
(Recueil d'analyses chimiques), Guyot (Culture de la vigne), Gressent
(Le Potager moderne), Joulie (Guide pour l'achat et l'emploi des
engrais chimiques).

PREMIÈRE PARTIE

Cultures diverses.

Trois sortes de cultures se partagent le sol : la culture extensive, la culture active et la culture intensive.

CULTURE EXTENSIVE

La culture extensive est celle qui, avec de grandes étendues de terrain, n'obtient que des rendements faibles ; elle n'offre aucun bénéfice ; c'est un gaspillage de sol qui n'amène que la ruine et qui doit disparaître de nos jours. Elle ne peut s'admettre que dans les terres vierges, d'une grande fertilité, comme aux États-Unis d'Amérique où la terre vaut 15 francs l'hectare, la prairie 25 fr. Dans le monde nouveau il n'y a point d'armée, pas de marine militaire ; toute la jeunesse est consacrée à des travaux productifs ; la population double tous les vingt ans ; son territoire peut nourrir 500 millions d'hommes. Il ne reçoit rien de nous qui ne soit exempt de droit et nous inonde de son trop plein.

En France la terre vaut 2,000 fr. l'hectare en moyenne ; on a les impôts, la loi militaire, le droit de mutation, l'absence de crédit pour l'agriculture, une population qui ne double que tous les 200 ans. Pour pouvoir lutter, il faut donc des réformes qui ne sauraient s'improviser et qui nécessitent, pour le moment, des droits temporaires.

CULTURE ACTIVE

La culture active est celle qui emploie quelques capitaux pour améliorer la terre et qui donne un peu plus de bénéfice ; elle produit un rendement moyen.

CULTURE INTENSIVE

La culture intensive emploie des capitaux et rapporte les plus gros bénéfices. Elle s'applique à faire produire au sol la plus grande quantité possible, dans le moins d'espace possible ; elle est la plus rémunératrice ; c'est la culture de la science et de l'avenir, la seule qui doive être employée et qui sauvera l'agriculture en France ; elle n'est applicable qu'avec l'aide des engrais chimiques.

Le petit propriétaire a tort de courir après les hectares ; à peine a-t-il acheté un champ qu'il en veut un autre, sans se préoccuper de bien cultiver le premier.

Aujourd'hui tout le monde est instruit à la campagne ; il faut cultiver selon les progrès de la science ; une ère de bien-être, jusqu'alors inconnue, sera l'apanage des cultivateurs.

La France comporte 50 millions d'hectares divisés en 140 millions de parcelles appartenant à 5 millions de propriétaires.

La grande culture occupe seulement un septième du sol, les six autres sont occupés par la petite et la moyenne culture.

C'est cette division du sol qui donne un grand rendement ; en France, la terre est mieux soignée, mieux cultivée.

Il est bien préférable, en effet, de n'avoir qu'un petit domaine, bien façonné, bien fumé, facile à parcourir, demandant moins de semences, rapportant un rendement énorme, qu'une grande propriété qu'on est impuissant à faire valoir.

Si vous avez une grande étendue de terre, cultivez-en une portion vous-même, si c'est possible ; prenez un ou deux bons fermiers avec de longs baux pour cultiver l'autre.

Il y a une grande économie pour le propriétaire ou le fermier à travailler avec ses gens, manger avec eux,

les entretenir par son exemple ; tout s'exécute par lui
ou devant lui. Un personnel inférieur abandonné à
lui-même est sujet à des défaillances.

En agriculture il faut du calme et de l'intelligence,
ne rien faire avec trop de précipitation ; la nature
agit ainsi.

Tenez surtout vos cultures propres ; une culture
sale est comme une maison sale.

Sarclez ferme et souvent, ne laissez que la récolte
si vous voulez arriver avec les autres éléments que
nous allons étudier à la culture intensive, qui donne
seule de gros rendements.

DEUXIÈME PARTIE

Les Engrais chimiques et le Fumier.

Les causes principales de la production des récoltes
sont les engrais ou les fumiers.

Sur quatorze corps dont tous les végétaux sont
formés et que nous devrions fournir à une terre complètement stérile, nous sommes obligés d'en fournir
quatre seulement à la terre ordinaire. Ces quatre
éléments principaux sont l'azote, l'acide phosphorique, la potasse et la chaux.

Les répandre sur un sol qui ne les a jamais pos-
sédés ou qui en a été dépossédé par une succession
de cultures, c'est ce qu'on appelle fumer la terre.

Après avoir reconnu qu'en donnant à la terre ces
quatre substances comme engrais, on réalisait immédiatement la fertilité, on jeta un coup d'œil sur le
passé agricole et on se dit : avec l'azote, l'acide phosphorique, la potasse et la chaux, toutes les cultures
prospèrent et la plus mauvaise terre se trouve utilisée ;
or le fumier fertilise la terre, analysons le fumier.

On analysa en effet le fumier et l'on trouva qu'il est

composé d'azote, d'acide phosphorique, de potasse et de chaux formant environ 2 % de sa masse et 98 % de matières inutiles, encombrantes, fournies par l'eau, l'air et la pluie.

Voilà donc une masse énorme de matières qui ne donne que 2 % de principes pouvant profiter à la plante.

On arrive du reste par le raisonnement à se rendre compte des matières contenues dans le fumier ; ce sont des fourrages qui ont traversé l'appareil digestif des animaux, mêlés aux tiges et aux feuilles sèches qui ont servi de litière ; le tout plus ou moins fermenté.

La décomposition n'ajoute rien à ce mélange. Elle ne fait que mettre en liberté les éléments que la végétation a combinés.

Le fumier ne peut donc contenir que ce que contenaient les plantes qui l'ont formé, moins ce que les animaux ont retenu pour leur nourriture et leur formation ; ce n'est donc qu'une restitution très incomplète.

Pour restituer le tout, il faut y ajouter ce que les animaux ont prélevé en potasse, acide phosphorique, azote et chaux, et c'est au moyen des engrais chimiques qui contiennent ces substances que vous y arriverez.

Vous aurez alors la culture à grand rendement, la culture intensive.

En principe, il faut même donner à la terre plus d'agents de fertilité que la récolte n'est suceptible de lui en prendre ; pour obtenir un maximum de rendement un petit excédent doit rester au sol.

D'après ce que nous avons dit plus haut, 1000 kilos de fumier contiennent 20 kilos de principes utiles, 50 kilos d'engrais chimiques en contiennent autant.

Le tout réuni vous représente donc une quantité double de fumier ou 2000 kilos de bon fumier, avec une masse moins grande, une dépense moins forte et un plus gros rendement.

LOIS DES FORCES COLLECTIVES ET DES DOMINANTES

L'azote, l'acide phosphorique, la potasse et la chaux sont les agents effectifs de la fertilité, mais ils ne manifestent la plénitude de leur action qu'à la condition d'être simultanément présents dans le sol. La plante a besoin de les trouver à sa disposition, tous les quatre à la fois; s'il en manque un ou plusieurs l'action des autres se trouve paralysée.

C'est ce qu'on appelle la loi des forces collectives. Voici un exemple pris au champ d'expériences de Vincennes :

CULTURE DU BLÉ

RENDEMENT A L'HECTARE.	HECTOLITRES DE BLÉ.
Engrais complet........	39
— sans chaux	37
— sans potasse	28
— sans phosphate...	24
— sans azote	13

On voit donc que les quatre termes de l'engrais doivent être réunis pour donner le maximum de rendement et que c'est la matière azotée qui convient le plus au blé, qu'elle est, en un mot, la dominante de cette culture.

Par la suppression de ce seul terme, alors que les trois autres sont restés les mêmes, on a perdu 26 hectolitres de blé. C'est donc l'azote qui joue le principal rôle; nous arrivons alors à la loi des dominantes.

Toutes les plantes exigent les quatre termes de l'engrais complet; mais, suivant leur espèce, elles ont une préférence marquée pour l'un ou l'autre de ces termes.

Pour la vigne, la suppression de la potasse se traduit par l'absence du raisin et le cépage dépérit.

Pour les maïs, navet, sarrazin, c'est l'acide phosphorique qui est la dominante.

La chaux n'est la dominante d'aucune plante; mais elle est nécessaire à toutes.

La dominante ne joue le rôle prépondérant qu'accompagnée d'un autre terme de l'engrais.

Voici un tableau des dominantes :

AZOTE.	POTASSE.	ACIDE PHOSPHORIQUE
Blé.	Vigne.	Maïs.
Orge.	Pois.	Sarrazin.
Avoine.	Fèves.	Navets.
Seigle.	Trèfle.	Légumes racines.
Chanvre.	Haricots.	Arbustes à fleurs.
Colza.	Sainfoin.	
Betteraves.	Vesces.	
Prairies naturelles.	Pommes de terre.	
Légumes foliacés.	Tabac.	
Plantes bulbeuses.	Légumes graines.	
Plantes herbacées.	Arbres fruitiers.	
— d'ornement.		

La dominante d'une culture ne doit pas dépasser 100 kilos de principes effectifs à l'hectare, comme l'agent le moins efficace ne doit pas être donné à moins de 20 kilos à l'hectare.

On appelle engrais intensifs ceux dans lesquels la dominante est poussée aux limites extrêmes.

Toutes ces lois et ces principes ont été formulés et publiés pour la première fois par M. Georges Ville, directeur du champ d'expériences de Vincennes.

Grandes et belles découvertes qui lui font un extrême honneur et qui ont jeté un jour nouveau sur toutes les théories de l'agriculture.

PLANTES QUI TIRENT LEUR AZOTE DE L'AIR, OU ENGRAIS VERTS

Par exception, un petit nombre de plantes possèdent la faculté de puiser dans l'air tout l'azote qui leur est nécessaire, sans qu'il soit besoin de leur en fournir dans le sol comme engrais.

Elles appartiennent toutes à la famille des légumineuses et sont à dominante de potasse.

Les principales sont : le trèfle, la luzerne, les pois et les fèves. Ces plantes contiennent cependant et même davantage d'azote que la plupart de celles qui en exigent dans le sol. Elles l'ont entièrement pris par leurs feuilles dans l'atmosphère.

On profite de cette circonstance pour faire des engrais en vert avec les plantes. On laisse pousser jusqu'à la floraison une culture de trèfle, on l'enfouit à la charrue, et la terre reçoit ainsi une fumure économique d'azote qui convient parfaitement aux céréales.

Ce serait même une dépense inutile d'y ajouter de l'azote; il y en a suffisamment.

Les engrais verts ne sont autre chose que la fertilité restituée au sol sans déplacement à l'étable et avec l'azote provenant de l'atmosphère. Enfouis sur place ils ne subissent aucune déperdition.

Ils sont surtout précieux pour les sols perméables, légers à l'excès, où il est indispensable de former de l'humus.

L'enfouissage de toutes ces légumineuses, qui peuvent être semées tardivement après l'enlèvement des principales récoltes, doit être fait au moment où la plante commence à fleurir, car à partir de la floraison il se produit une importante déperdition d'azote et les plantes deviennent plus ligneuses, et partant d'une décomposition plus difficile.

MATIÈRES PREMIÈRES DES ENGRAIS CHIMIQUES

Voyons quelles sont les matières du commerce qui fournissent pratiquement les quatre agents de la fertilité. Azote, acide phosphorique, potasse et chaux, pour les utiliser directement ou les mêler au fumier.

AZOTE

L'azote est un des corps les plus répandus dans la nature, il forme les 79 centièmes de l'air, quand nous marchons nous ouvrons une galerie de 79 centilitres d'azote et de 21 centilitres d'oxygène qui se referme derrière nous.

Ces deux gaz ne sont pas combinés, ils sont simplement mélangés, de sorte que chacun d'eux peut entrer librement dans toutes les combinaisons.

C'est la couleur bleue de l'atmosphère vue sous une grande distance.

L'azote pur est toujours à l'état gazeux, mais on l'obtient facilement en combinaison soit avec l'hydrogène, sous forme d'ammoniaque, soit avec l'oxygène, sous forme d'acide azotique ou acide nitrique qui sont synonymes.

Sous forme d'ammoniaque l'azote s'allie facilement à l'acide sulfurique et constitue le sulfate d'ammoniaque qui est un sel parfaitement cristallisé et contenant environ 20 % de son poids d'azote.

Tout l'azote que les plantes puisent dans l'air est absorbé par les feuilles à l'état gazeux, ou par leurs racines sous forme d'acide azotique.

Le sulfate d'ammoniaque que l'on achète dans le commerce provient en grande partie des usines à gaz d'éclairage.

On cherche actuellement des moyens pratiques pour le tirer de l'air, quand on sera arrivé à ce résultat on pourra avoir de belles récoltes à bon marché.

Le sulfate d'ammoniaque en agriculture ne doit pas être employé seul dans une terre dépourvue de fumure, car c'est un engrais essentiellement incomplet, il déterminerait un épuisement rapide de la richesse du sol en phosphate, potasse et chaux. Mais il peut rendre de grands services lorsque la terre a été fumée précédemment et que l'azote seul fait défaut.

Si au printemps la végétation est languissante, si le blé ne tasse pas par exemple, si les feuilles sont d'un vert pâle qui atteste un état souffreteux, répandez en couverture de 50 à 200 kilogrammes du sulfate d'ammoniaque par hectare et en moins de huit jours, s'il vient un peu d'eau, vous voyez les plants reprendre le meilleur aspect.

Ces épandages en couverture peuvent être pratiquées jusque vers fin avril. Mais la dose à employer doit être d'autant moindre que la saison est plus chaude et plus avancée.

ACIDE PHOSPHORIQUE

L'acide phosphorique est une combinaison de phosphore, corps simple se trouvant dans la nature avec l'oxygène de l'air.

Cet acide combiné avec de la chaux forme des phosphates de chaux.

Sous forme de phosphate de chaux soluble il est absorbé par les plantes et contribue puissamment à leur développement, il passe ensuite dans l'organisme des hommes et des animaux.

Pour qu'il puisse servir à la confection des engrais et qu'il soit soluble dans l'eau, il faut le traiter par l'acide sulfurique, il forme alors le superphosphate de chaux du commerce.

Les superphosphates contiennent environ 12 ou 15 % d'acide phosphorique et 60 % de sulfate de chaux ou plâtre.

Les superphosphates agissent à la fois comme source d'acide phosphorique et comme engrais calcaire à cause du sulfate de chaux qu'ils contiennent.

Ils doivent surtout être employés pour produire un effet immédiat sur la récolte même de l'année.

Leur grande solubilité les rend facilement entraînables par les eaux; aussi conviennent-ils parfaitement à toutes les plantes à racines profondes, comme vignes, trèfle, etc., surtout dans les terrains calcaires et argilo-calcaires.

Leur emploi présente souvent des difficultés à cause de l'état humide sur lequel ils sont livrés, il faut alors les mélanger avec du sable ou plâtre cuit qui les dessèche rapidement et permet de les répandre avec facilité.

Une bonne fabrication doit savoir éviter cet embarras aux cultivateurs, qui peuvent parfaitement exiger que la matière soit sèche et pulvérulente, attendu que les fabriques bien organisées sont en mesure de la livrer ainsi.

POTASSE

La potasse est une matière très répandue dans la nature : les cendres des végétaux, les granits, les gisements du sel gemme et surtout l'eau de mer en contiennent de grandes quantités.

C'est un chimiste français qui a trouvé le moyen d'extraire le chlorure de potassium de l'eau de mer.

L'azotate de potasse ou salpêtre s'obtient en traitant l'azotate de soude par le chlorure de potassium, ce dernier est utilisé pour la vigne, mais il ne doit pas être employé pour les pommes de terre et le tabac. Il faut alors se servir des cendres ou de l'azotate de potasse qui conviennent à toutes les cultures. L'azotate de potasse contient deux éléments actifs qui sont la potasse, pour 14 %, et l'azote, pour 13 %.

Le chlorure de potassium contient 50 % de potasse pure; il est donc bien préférable pour la vigne qui en demande beaucoup pour prospérer.

CHAUX

La chaux existe en grande quantité dans la nature sous forme de marbre, calcaire et plâtre. C'est surtout comme plâtre cuit ou sulfate de chaux qu'il est employé dans les engrais.

La chaux n'est la dominante d'aucune plante, mais elle est nécessaire à toutes. Dans les pays où la chaux manque, les animaux sont petits et les hommes maladifs.

Le plâtre cuit contient 50 % d'acide sulfurique et 40 % de chaux pure.

CONSERVATION DES ENGRAIS CHIMIQUES

Les engrais chimiques bien préparés sont d'une conservation facile ; on doit les mettre dans un lieu bien sec. Il arrive quelquefois que la poudre se reprend en masse, il suffit de la battre avec le dos d'une pelle pour la briser de nouveau.

Les sacs dans lesquels les engrais sont contenus sont généralement vite détériorés, il faut alors les tenir dans des tonneaux ou barriques.

CENDRES ET VÉGÉTAUX QUI CONTIENNENT DES PRINCIPES UTILES

Vigne.

Un savant allemand, Wagner, a déterminé les matières enlevées par une récolte à la vigne.

Les bourgeons rognés et les sommets pincés enlèvent à la vigne :

1/3 % d'acide phosphorique et 2/3 % de potasse.

Les raisins enlèvent environ à la vigne 1/5 % d'acide phosphorique et 4/5 % de potasse.

Les sarments coupés, 1/3 % d'acide phosphorique et 2/3 % de potasse.

Toute la récolte enlève donc environ 1/4 % d'acide phosphorique et 3/4 % de potasse ; ou trois fois plus de potasse que d'acide phosphorique.

Les fumiers de ferme étant pauvres en acide phosphorique et en potasse, il faut donc, pour faire produire des raisins à la vigne, ajouter au fumier que l'on veut y mettre des sels de potasse et de l'acide phosphorique.

Voici la composition moyenne du fumier de ferme, pour 100 kilos, que Georges Ville nous donne dans les conférences faites à Bruxelles en 1883.

Sur 100 kilos de fumier, il y a 80 kilos d'eau, 13

kilos de carbone, hydrogène et oxygène fournis suffisamment par l'eau et la pluie, 5 kilos de matières
secondaires, silice, chlore, acide sulfurique, etc., et
enfin 2 kilos d'acide phosphorique, azote, potasse et
chaux, qui est la partie active du fumier.

M. Georges Ville nous dit que le fumier de ferme
n'est autre chose que de l'engrais chimique, et qu'il
ne doit son efficacité que parce qu'il contient à faible
dose, il est vrai, les quatres termes de l'engrais.

Il recommande de s'en servir avec discernement en
modifiant sa composition, suivant les besoins des
plantes; lorsqu'on veut produire une récolte à dominante de potasse, ajoutez comme complément au
fumier de la potasse; une culture à dominante de
phosphate, ajoutez au fumier des phosphates; une
plante à dominante d'azote, ajoutez au fumier des
matières azotées; on mettra ainsi le fumier en rapport
avec les exigences de chaque plante.

On réunira par ce moyen les enseignements du
passé avec ceux du présent.

D'après les analyses de M. Gueymard, les cendres
de raisins contiennent 65 à 66 % de potasse; il ne
faut donc pas s'étonner si la vigne se refuse de produire, quand le sel ou le fumier qu'on y met n'en
contiennent pas; la seconde dominante est l'acide
phosphorique, arrivant en moyenne à 16 %.

Les sarments de la vigne sont, comme on le sait,
très riches en potasse et en acide phosphorique. Il
faut donc autant que possible les rendre à la terre en
les mêlant au fumier fait pour la vigne, soit en les
coupant en petits morceaux, soit en y remettant leurs
cendres.

J'indiquerai plus loin les matières qui entrent dans
le fumier que je fais pour la vigne et dont je me trouve
fort bien.

Buis.

Les buis mêlés au fumier sont un très bon engrais
pour la vigne. Ils contiennent des sels qui lui sont

favorables. La décomposition étant très lente, ils servent d'aliment pendant plusieurs années. Les parties menues, brindilles et feuilles peuvent servir également à la culture des pommes de terre. Dans les terrains argileux, on peut même les employer pour la culture des céréales et des prairies artificielles. On facilite la décomposition de cet engrais en l'étendant dans une cour pour le faire piétiner ou macérer au soleil.

Feuilles.

En agriculture il ne faut rien perdre pour en augmenter le produit, et les feuilles sont d'un précieux secours pour avoir une plus grande quantité d'engrais, surtout quand il ne s'agit que de les ramasser. Les feuilles contiennent presque toutes une plus ou moins grande quantité de sels solubles, de potasse et d'acide phosphorique.

Voici un tableau indiquant les matières que contiennent les feuilles, pris dans le recueil d'analyse de M. Gueymard :

FEUILLES DE	POTASSE.	ACIDE PHOSPHORIQUE
Noyer	1.51 p. 0/0	1.00 p. 0/0
Mûrier	0.90 —	0.43 —
Chêne	0.90 —	1.25 —
Hêtre	0.47 —	0.65 —
Platane	1.00 —	0.17 —
Tilleul	0.40 —	0.81 —
Saule	1.52 —	0.61 —
Accacias	2.02 —	0.40 —
Châtaignier	0.16 —	0.67 —
Vigne	1.17 —	0.74 —
Fanne de pommes de terre	7.24 —	1.81 —
Brindilles et feuilles de buis	1.35 —	0.38 —

On voit par ce tableau que toutes les feuilles qui doivent être ramassées avant l'hiver sont bonnes pour être mises au tas de fumier.

Tous les composts où dominent les matières végétales de toute espèce, arrosées avec du purin, doivent être mêlés aux fumiers de la vigne.

On s'étonne généralement que la vigne basse donne peu de produit. On ne remarque pas que tous les ans on emporte les raisins, les sarments, les feuilles. Si on ne remplace pas ces divers produits, la vigne s'épuise et se refuse à donner du bois et des fruits. N'est-il pas évident que si nous lui rendions les sarments, les feuilles, le marc, il n'y aurait plus que le tartre des tonneaux à restituer.

Branches et brindilles de divers bois.

Toutes les petites branches et brindilles des arbres dont les feuilles contiennent de la potasse et de l'acide phosphorique, sont précieuses pour être mélangées au fumier fait pour la vigne, ils facilitent l'écoulement des eaux et tiennent le fumier soulevé ; telles sont les brindilles de sarments, chêne, noyer, sapin, etc.

Paille.

On emploie spécialement la paille comme litière ou pour la nourriture des animaux. Par sa conformation tubulaire, elle constitue d'excellents fumiers, en retenant une grande quantité de principes fertilisants.

Bauche.

La bauche des marais, très employée dans la vallée de l'Isère, produit un bon fumier, spécialement pour la vigne, à condition qu'on la fasse passer sous les bestiaux ; l'habitude de l'étendre au milieu d'une cour est détestable et ne peut donner que de mauvais résultats ; car elle n'a pu s'assimiler aucun principe fertilisant étant continuellement sous l'influence de la pluie ou du soleil. Elle a perdu au contraire ceux qu'elle pouvait avoir.

TROISIÈME PARTIE

Engrais chimique employé seul et humus.

L'engrais chimique pur ne saurait être conseillé ;
M. Barral, secrétaire perpétuel de la Société d'agriculture, un des hommes les plus compétents en cette
matière, a dit dans ses ouvrages que l'engrais chimique ne pouvait remplacer complètement le fumier de
ferme, ne contenant pas d'humus ou matières organiques qui se trouvent toujours en décomposition
dans ce dernier et qui tiennent la terre fraîche et
fertile.

L'engrais chimique employé seul ne donnerait que
de mauvais résultats ; mais il devient très utile employé avec les fumiers de ferme pour restituer à ces
derniers les éléments qui leur manquent ; c'est ainsi
qu'il doit être employé.

Voici cependant quelques formules recommandées
par M. Georges Ville pour les personnes qui voudraient
faire usage de l'engrais chimique employé seul.

FORMULES D'ENGRAIS CHIMIQUE

Engrais complet n° 1, pour 100 kilos,
Équilibré pour toutes les cultures.

Sulfate d'ammoniaque......................	18 kilos.
Superphosphate de chaux................	34 —
Azotate de potasse	11 —
Sulfate de chaux	37 —
	100 kilos.

Cet engrais type peut créer la fertilité d'un seul
coup dans n'importe quelle terre.

Chaque plante y trouvera sa dominante et laissera

pour les végétaux d'une autre nature, les éléments excédant les besoins, il en faut 100 grammes, par mètre carré ou 1,000 kilos à l'hectare.

Engrais complet n° 2
A dominante d'azote.

Pour :

Blé,	Colza,
Orge,	Betteraves,
Avoine,	Prairies naturelles,
Seigle,	Choux,
Chanvre,	Légumes-feuilles.

Pour 100 kilos :

Sulfate d'ammoniaque	26 kilos.
Chlorure de potassium.................	8 —
Superphosphate de chaux.............	33 —
Sulfate de chaux......................	33 —
	100 kilos.

Engrais complet n° 3
A dominante d'acide phosphorique.

Pour :

Maïs,	Légumes-racines.
Sarrasin,	Arbustes à fleurs.
Navets,	

Pour 100 kilos :

Sulfate d'ammoniaque	13 kilos.
Superphosphate de chaux.............	40 —
Azotate de potasse....................	11 —
Sulfate de chaux	36 —
	100 kilos.

Engrais complet n° 4
Dominante de potasse

Pour :

Vigne,	Haricots,
Pois,	Sainfoin,
Fèves,	Vesces,
Luzerne,	Tabac,
Trèfle,	Arbres-fruitiers,
Pommes de terre,	Légumes-graines.

Pour 100 kilos :

Sulfure d'ammoniaque .... 5 kilos.
Superphosphate de chaux .... 33 —
Azotate de potasse................. 16 —
Sulfate de chaux .... 46 —
                                    ———
                                    100 kilos.

Et enfin

Engrais chimique intensif spécial pour la vigne n° 5.

Pour 100 kilos :

Superphosphate de chaux	40 kilos	ou superphosphate	50 k.
Azotate de potasse......	34 —	— chlor. de potass.	24—
Sulfate de chaux........	26 —	— sulfate de chaux	26—
	100 kilos		100 k.

Engrais chimique n° 6
Sans azote.

Pour :

Trèfle,	Luzerne,
Sainfoin,	Légumineux.

Superphosphate de chaux.	40 0/0	ou 400 kilos à l'hectare.
Chlorure de potassium...	20 —	200 —
Sulfate de chaux	40 —	400 —
	100 0/0	ou 1000 kilos à l'hectare.

APPLICATION AUX DIVERSES CULTURES

Céréales.

Pour se servir de cet engrais pour les céréales, on le répand à la volée par un temps calme après le dernier labours, on donne un coup de herse et on sème.

On peut également en mettre en couverture au mois de mars et passer le rouleau pour l'enterrer.

Pour mettre l'engrais chimique seul il faut avoir soin de bien le triturer sur une surface polie et de le mélanger avec du sable ou du plâtre pour le répandre.

Vigne.

Pour la vigne on enfouit l'engrais à 15 ou 20 centimètres sans en laisser à la surface, afin que les mauvaises herbes ne puissent pas en profiter. Il est préférable de l'enfouir autour de la souche en la dégarnissant ; une souche moyenne peut recevoir 300 grammes d'engrais tous les deux ans.

Pommes de terre.

Pour les pommes de terre il faut se servir de l'engrais n° 4 à la dose de 1000 kilos à l'hectare ; on le disperse dans le fond de la raie en faisant tomber un peu de terre, on place le tubercule dessus et l'on recouvre comme d'habitude.

Il est préférable de mettre l'engrais dessous afin que les yeux de la pomme de terre ne soient pas en contact direct avec l'engrais qui pourrait brûler les yeux.

Rappelons que le chlorure de potassium doit être proscrit pour les pommes de terre ; il nuit à la formation de la fécule.

Le tubercule de la pomme de terre n'est point une semence, il doit être considéré comme un rameau en raccourci, gonflé par une réserve de nourriture dont la plantation constitue un bouturage. C'est pourquoi, lorsque les pommes de terre sont trop grosses pour être plantées entières, on peut les couper en deux, mais toujours dans le sens de la longueur et jamais transversalement.

Les pommes de terre à manger doivent être tenues à l'abri de la lumière, autrement elles verdissent ; elles deviennent alors amères et quelquefois vénéneuses.

QUATRIÈME PARTIE

Assolement.

La terre se divise en couches superficielles ou sur-sol et couches inférieures ou sous-sol.

Les végétaux à racines traçantes, comme blé, pommes de terre, appauvrissent la première couche, et les récoltes à racines pivotantes, telles que le trèfle, le sainfoin, la luzerne, appauvrissent la deuxième couche : de là l'assolement ou rotation qui consiste à mettre dans une terre bien fumée des récoltes à racines traçantes, la première année, des récoltes à racines pivotantes ensuite, qui se nourrissent avec des engrais parvenus dans le sous-sol.

L'assolement le plus répandu est l'assolement de trois ans ou de quatre ans, telles que pommes de terre, blé, trèfle, blé et avoine pour la quatrième année.

Si on veut réaliser dans cet assolement le maximum de produit avec le minimum de dépense, on doit, la première année, pour la culture des pommes de terre, donner une bonne fumure en fumier et y ajouter un complément en engrais chimique à dominante de potasse, l'on aura des pommes de terre superbes.

La deuxième année vous n'aurez besoin de donner à la terre, en couverture, que la dominante du blé, attendu que l'engrais a laissé dans le sol assez de matière pour que la seule dominante assure une belle récolte de froment.

La troisième année vous répandez l'engrais que le trèfle réclame.

La quatrième année, pour le froment, vous ne donnez plus qu'une dose modérée de matières azotées.

A l'alternance des cultures vous joindrez aussi

l'alternance des engrais avec la préoccupation de donner toujours à chacune des cultures sa dominante.

TERRE BRULÉE OU ÉCOBUAGE

L'écobuage ne doit se pratiquer que là où les labours ne peuvent pas détruire les mauvaises herbes. On pratique pour cela de petits fours pour faire brûler la terre, la combustion doit être lente pour détruire le moins d'humus possible.

Il faut ensuite étendre la terre des fours qu'au moment où l'on veut s'en servir.

L'écobuage ne doit être pratiqué que la dernière année de l'assolement, il compte pour un demi-engrais.

Ce système a un grand inconvénient, il dessèche la terre et la prive de ses matières organiques.

CINQUIÈME PARTIE

Le Fumier.

Le fumier provenant de la litière des animaux est encore l'engrais qui convient le mieux aux plantes, surtout lorsqu'il est fait dans de bonnes conditions et amélioré par les engrais chimiques.

Le fumier bien fait, ainsi que nous l'avons vu par sa composition page 17, représente lui-même de l'engrais chimique, il faut donc lui conserver toutes ses propriétés. Pour cela, il faut installer une fabrique d'engrais, non dans un trou, comme on le fait généralement où les parties les meilleures vont fertiliser les entrailles de la terre; mais sur une plate-forme bétonnée aboutissant à une fosse où se rendront toutes les parties liquides qui auront servi à arroser le fumier.

On doit pour cela choisir un endroit au nord et ombragé, si c'est possible.

Au besoin, par économie, on remplace la fosse par un tonneau enterré au pied de la plate-forme à l'endroit le plus bas.

Installez tout cela sous un hangar à l'abri de la pluie et du soleil et vous aurez rempli les premières conditions indispensables pour avoir du bon fumier.

Il est pénible de voir dans certaines fermes des tas de paillis lavés, lessivés par les pluies et dont le purin s'écoule dans la mare aux canards ou dans les ornières du chemin.

On se dit : que d'argent perdu !

Cette paille lavée et séchée au soleil, du moment que le volume reste, ne les préoccupe pas ; les malheureux ne voient que le tas. Pour eux, c'est du fumier, c'est avec cela qu'ils prétendent gagner de l'argent.

Le purin est perdu, ils ont jeté le vin et gardé le marc.

Dans cette fosse ou dans ce tonneau, vous amenez par des conduites les purins des écuries et des étables, les urines de la maison, les eaux ménagères, et vous aurez alors rempli presque toutes les conditions pour avoir du bon fumier.

Vous pourrez avec cela annuler l'odeur et empêcher la déperdition du gaz amené par la fermentation; il suffit de jeter dans la fosse un kilo de sulfate de fer dissous dans de l'eau pour 100 litres environ de purin.

En arrosant le tas avec ce mélange que vous avez soin de renouveler quelquefois vous fixez l'azote et vous améliorez le fumier.

FUMIERS ET ENGRAIS CHIMIQUE MÊLÉS

C'est en associant les engrais chimiques au fumier qu'on obtient les meilleurs résultats en agriculture et qu'on arrive à la culture intensive à gros rendements ; c'est le procédé qui est généralement conseillé et pratiqué par tous les hommes compétents en agriculture, et c'est celui que j'emploie moi-même ; je puis ajouter que je m'en trouve très bien.

Il y a deux manières de faire cette association.

La première consiste à donner à la terre une fumure complète, en fumier de ferme, et à répandre ensuite au printemps, en couverture, la dominante au moyen de l'engrais chimique. Cette méthode est très employée pour les céréales.

La deuxième manière que je conseille et que je crois préférable pour la vigne, consiste à ajouter l'engrais chimique en faisant le fumier ; c'est celle que j'ai adoptée pour mes vignes.

MANIÈRE DE LES CONFECTIONNER

Voici comment je procède et les matières qui composent mes fumiers pour la vigne.

Sur une plate-forme bétonnée et couverte où se trouve une fosse dans laquelle arrive le fumier des écuries, la partie liquide des fosses d'aisances, j'établis des tas de fumiers de 40 quintaux environ. Ces tas de fumiers sont faits avec :

2,000 kil. de débris ligneux, sarments coupés à 0^m02 c.; buis, feuilles, composts ;

100 kil. de superphosphate de chaux ;

30 kil. de chlorure de potassium.

Ces matières doivent être mises par couche en remuant le tas pour la deuxième fois.

Je verse ensuite dans la fosse :

20 kilos de sulfate de fer ;

10 kil. de sulfate de cuivre dissous préalablement, et j'arrose tous les deux jours.

Au bout de quelques jours le fumier est prêt à mettre dans la vigne. On garnit alors les provins et on en met au pied des souches qui manquent de végétation ou de raisins.

Cette formule de fumier m'a été donnée par

M. Perret, propriétaire à Tullins, président du Conseil départemental d'agriculture.

Un agriculteur distingué, M. Saint-Pierre, a publié une brochure très intéressante où il indique les expériences pratiques qu'il a faites en 1869 sur les engrais pour la vigne.

Il montre que parmi les engrais, ceux qui ont apporté à la fois de la potasse, des phosphates et de la chaux, ont donné les meilleurs résultats.

L'azote a été plus nuisible qu'utile, la potasse s'est montrée très efficace en production, ainsi que l'acide phosphorique pour aider à la végétation.

Un excès d'azote rend la végétation herbacée, la sève plus succulente pour les ennemis de la vigne. L'acide phosphorique, au contraire, donne plus de solidité à la végétation, le bois devient plus dur, les racines plus fermes et par conséquent moins favorables à la nourriture des insectes.

Pour les céréales on emploie la formule suivante: pour 2000 kil. de fumier on ajoute, soit en couverture au printemps, soit en faisant le tas de fumier :

46 kil. de sulfate d'ammoniaque à 20 % d'azote ;
34 kil. de superphosphate de chaux à 17 % d'acide phosphorique ;
20 kil. de chlorure de potasse à 50 % de potasse.
100 kil.

Avant de mélanger l'engrais chimique il faut qu'il soit complètement broyé sur une surface bétonnée.

SIXIÈME PARTIE

Achat d'Engrais chimique.

Quand on veut acheter des engrais chimiques, il faut toujours s'adresser à une maison de confiance, car ce qui a souvent découragé l'agriculteur, c'est la fraude ; il a été trompé et n'a pas eu les résultats qu'il espérait. Si vous achetez des engrais composés, exigez la composition et le titre sur facture, faites-les analyser en recevant, s'il y a fraude poursuivez le fournisseur. Certains engrais composés sont très recommandables, entre autres ceux qui sortent des manufactures de Saint-Gobain et qui sont appropriés à toutes les cultures.

Il est bien préférable d'acheter isolément les matières premières, c'est-à-dire le chlorure de potassium, le sulfate d'ammoniaque, le superphosphate de chaux et le plâtre, et de faire soi-même ses mélanges.

On est plus sûr de ce qu'on achète et on réalise une grande économie.

J'emploie ce système en prenant les matières premières chez MM. Durand et Giraud, droguistes, rue Barnave, à Grenoble, qui m'ont toujours bien servi.

On trouvera également chez eux les formules recommandées par Georges Ville, à dominante de potasse pour la vigne, à dominante d'azote pour les céréales, chanvre, betteraves, prairies naturelles, d'acide phosphorique pour maïs, sarrazins, ainsi que les renseignements nécessaires pour mêler les engrais chimiques au fumier de ferme.

L'institution qui vient de se former à Grenoble, sous le nom de Syndicat des Agriculteurs, permettra d'acheter en commun les matières utiles à l'agriculture, notamment les engrais et les soufres et rendra ainsi un grand service à tous les sociétaires qui voudront s'y adresser.

Voici le prix et la richesse que doit contenir en moyenne chaque nature :

Le chlorure de potassium coûte environ 25 fr. les 100 kil. et contient 50 % de potasse pure.

Le superphosphate de chaux coûte environ 20 fr. les 100 kil. et contient 14 % d'acide phosphorique.

Le sulfate d'ammoniaque coûte 50 fr. les 100 kil. et contient 20 % d'azote.

Quant à la chaux on la trouve partout contenue

dans le plâtre dit d'agriculture et coûtant 2 fr. les 100 kil. environ.

Mettons-nous donc à l'œuvre, essayons de la culture intensive par le mélange du fumier et de l'engrais chimique et nous verrons nos résultats s'améliorer et notre bourse se regarnir.

SEPTIÈME PARTIE

Soins à donner à la vigne.

La vigne étant la récolte la plus importante de nos pays, nous allons indiquer la manière de la traiter.

SOL FAVORABLE A LA VIGNE

Les sols calcaires et argileux conviennent très bien à la vigne pourvu qu'ils ne soient pas dans les bas fonds où il y a de l'humidité.

La vigne s'accommode également de terrains maigres, arides, où nulle autre récolte ne peut venir.

Elle est tellement vivace qu'elle peut subir toutes les tortures et lancer ses rameaux à des distances prodigieuses.

Nous allons nous occuper particulièrement de la vigne basse.

La culture en ligne pour la vigne basse est la meilleure des méthodes ; elle est plus facile à travailler, à piocher, biner, sarcler.

L'alignement des ceps facilite la répartition et la distribution des engrais, la sortie des sarments et du produit de la vendange, en un mot, toutes les opérations de la culture de la vigne. La circulation et le renouvellement de l'air s'y effectuent surtout beaucoup mieux.

PROVIGNAGE

Le provignage qui est le premier travail de la vigne après les gros froids est le moyen employé dans la vallée pour entretenir la vigne. C'est d'après M. Guyot un mauvais système, il y introduit énormément de racines qui nuisent à la récolte, mais enfin, c'est notre système, il faut le pratiquer le mieux possible.

Provigner, c'est coucher au fond d'un trou sans les couper un ou plusieurs sarments d'une souche, les étaler et les recouvrir de terre et d'engrais pour leur faire reprendre racine et en former, pour ainsi dire, autant de ceps nouveaux.

Il faut à chaque cep un espace nécessaire pour qu'il puisse atteindre son développement complet et recevoir une quantité suffisante de soleil et d'air.

Une bonne distance pour le provignage est d'établir les ceps à 0m90; quand les sarments sont courts, on est quelquefois obligé de croiser les souches. Il faut alors éviter de mettre celles qui sont vieilles et vermoulues afin de ne pas remplir le sol de vieux bois.

Quand on fait des provins, une bonne méthode consiste à enfouir les feuilles de la vigne, vous y ajoutez ainsi une forte fumure; il faut donc la pratiquer partout où la vigne a besoin de végétation.

Si vous employez l'engrais chimique seul, il faut mettre dans les provins 100 à 150 grammes d'engrais chimique approprié. L'engrais sera mélangé à une couche de terre de 10 centimètres d'épaisseur environ au fond du provin, recouvert par 5 à 6 centimètres de terre non engraissée, sur laquelle sera étendu le sarment provigné. On recouvrera ensuite par 20 ou 25 centimètres de terre.

TAILLE DE LA VIGNE BASSE

On ne peut pas indiquer de méthode pour la taille de la vigne basse. Elle se fait suivant les plants, à courson à deux yeux pour quelques-uns, l'étraire de la duy par exemple, et avec branches à fruit pour d'autres.

Il est un point essentiel que l'on néglige souvent au moment de la taille et qui consiste à ne laisser aucun bois sec sur la vigne. Ces bois morts et à moitié pourris ne font qu'entretenir les insectes nuisibles et amener la décomposition du ceps.

On peut reconnaître une vigne bien soignée à ce simple détail.

La taille doit être faite quelques jours seulement avant le renflement et l'épanouissement des bourgeons, c'est à dire du 15 mars au 15 avril.

Pour tailler la vigne, on peut se servir du sécateur ou de la serpette, le sécateur est préférable, on fait plus de besogne.

PLEURS DE LA VIGNE

On ne doit pas craindre les pleurs de la vigne, ils ne l'épuisent en aucune façon. L'eau qui coule alors en abondance n'est point la sève, c'est le ruisseau où chaque bourgeon puise en passant, selon ses besoins, les éléments de sa sève.

Les pleurs de la vigne prouvent simplement que ses organes fonctionnent bien.

FUMIERS POUR LA VIGNE

La vigne, pour produire, a besoin de se nourrir, et sa nourriture consiste dans les engrais qu'on lui donne. Elle n'a pas besoin d'un engrais tout prêt à lui profiter, elle tire plus d'avantages des fumiers les plus lents à se décomposer. Ainsi les bruyères, les fougères, les pailles, les sarments, les branches de sapin, les fagots de ramilles et de broussailles, enfouis et pouvant se pourrir dans deux ou trois années, sont pour la vigne d'excellents engrais. Les chiffons de laine, les cornes, les sabots, les cuirs sont précieux par leur influence prolongée.

Le fumier de ferme est celui qui convient le mieux à la vigne combiné avec des engrais chimiques et des matières végétales, bois, sarments, etc.

Le fumier, pour qu'il n'ait aucune influence sur la qualité de la récolte, doit être enterré après les vendanges et avant la végétation suivante, il doit être mis soit dans les provins, soit au pied des souches, autant que possible dans la ligne des ceps.

Les émanations des fumiers frais peuvent quelquefois rendre les graines des raisins mauvaises à manger à la main ; mais elles n'ont point d'influence sur le vin.

Les engrais déposés à la surface offrent de grands inconvénients :

1° Les mauvaises herbes s'y développent rapidement et y entretiennent une humidité contraire à la végétation.

2° Les petites racines se développent plus facilement vers la surface engraissée, et au premier sarclage elles sont mutilées.

CHOIX DES CÉPAGES

Il est très important, en plantant une vigne, de se procurer de bons cépages ; chacun les connaît dans sa localité : adoptez alors la taille qui leur convient, donnez-leur l'engrais qui leur est nécessaire et surtout n'épargnez pas la main-d'œuvre, dans notre vallée, l'étraire de la duy réussit très bien, plantez-en beaucoup.

Une fois les cépages entre les mains, soignez-les bien, maintenez leur fraîcheur, soit en ouvrant un fossé de 40 à 50 centimètres de profondeur pour les

mettre dedans et les recouvrir, soit en faisant trem-
per l'extrémité dans l'eau.

Pour la plantation des chapons, un mélange qui
me réussit très bien, consiste à tasser les sarments
avec de la cendre de bois lessivée et du terreau. Ils
doivent être plantés en avril dans une terre défoncée
depuis quelque temps de 80 centimètres à 1 mètre de
profondeur.

PIOCHAGE, SARCLAGE, BINAGE

Pour qu'une vigne produise beaucoup, il ne faut
souffrir aucune végétation étrangère autour de la
vigne et dans la vigne.

La propreté absolue et permanente du sol, depuis
les premiers mouvements de sève jusqu'à la récolte,
est la première condition de la santé, de la fertilité et
de la maturité du raisin.

La vigne a besoin d'un premier piochage et d'un
ou deux binages.

Le piochage a pour but de remuer assez profondé-
ment la terre pour détruire les mauvaises herbes for-
tement enracinées et faire pénétrer dans le sol l'air
et la chaleur.

Le binage consiste à donner une façon légère à la
surface de la terre afin de rafraîchir le pied des plantes, d'empêcher les mauvaises herbes de reparaître.

Deux binages sont souvent utiles pour maintenir
la propreté de la vigne, en y joignant le sarclage qui
consiste à enlever avec l'aide de la main ou d'une serpette les herbes qui nuisent à la vigne.

TEMPS A CHOISIR POUR PIOCHER ET BINER

L'expérience a démontré que les façons à donner
à la vigne ne doivent jamais être faites quand le sol
est assez mouillé pour s'attacher aux instruments et
aux pieds ; outre que les mauvaises herbes repren-
nent facilement, le sol acquiert une dureté extraor-

dinaire par sa dessication ultérieure, il cesse d'être perméable et la façon suivante devient très difficile.

On ne doit jamais entrer dans les vignes et y travailler à la suite de pluies abondantes, il faut toujours attendre que le soleil y ait passé.

On ne doit pas non plus piocher et biner par les gelées fortes et faibles, ni quand il gèle blanc le matin; il faut attendre que le soleil ait séché le sol, l'humidité et surtout la neige introduite dans la terre y est très nuisible. Le piochage se fait généralement fin avril ou commencement de mai, dès que la végétation commence et que la taille est faite, les binages se font suivant les besoins de la vigne.

EBOURGEONNEMENT, PINCEMENT ET RATTACHEMENT DES BRANCHES

Une vigne bien entretenue doit être ébourgeonnée, pincée et relevée.

L'ébourgeonnement consiste à supprimer surtout au-dessous de la taille, toutes les branches qui ne sont pas destinées à porter des fruits.

Le pincement doit être fait à l'extrémité des branches qui ne sont pas nécessaires au provignage, ces deux opérations ont pour but de faire porter la sève sur le raisin au lieu de la laisser se dépenser sur le bois.

La vigne doit être soigneusement relevée afin de permettre à l'air et au soleil de pénétrer jusqu'au sol; avec la direction verticale imprimée aux branches, la sève circule plus librement et ces dernières étant attachées, le vent a moins de prise pour les détruire.

Ces opérations ne doivent jamais être faites après de grandes pluies à cause du piétinement du sol, ni par de fortes chaleurs qui pourraient brûler les raisins.

On doit, pour faire ce travail, chercher autant que possible un temps doux et couvert.

ECHALAS

La troisième année de plantation, les sarments ont besoin d'être soutenus par des échalas. Ces échalas doivent avoir environ 2 mètres de hauteur et être en bois de chataigniers ou d'accacias, si on veut qu'ils se conservent.

Un excellent système, c'est de se servir de bois tendres, verne, saule, et de les faire sulfater au moyen d'une dissolution de sulfate de cuivre. Ces échalas deviennent alors très résistants et on a remarqué que partout où on en faisait usage, les vignes ne prenaient pas la maladie du mildew.

EPOQUE DES VENDANGES

M. Guyot n'hésite pas à formuler en principe qu'il faut faire les vendanges aussi tardivement que possible, on fera toujours du meilleur vin et de bonne conservation.

La maturité du raisin se reconnaît généralement aux signes suivants :

1º La queue verte de la grappe prend une couleur brune, le pédoncule du raisin devient ligneux;

2º La grappe est pendante;

3º La graine perd de sa dureté, la pellicule est mince et transparente;

4º Le jus du raisin est savoureux, doux et épais.

La chute des feuilles n'est pas toujours une cause de la maturité du raisin, elle se produit souvent après de fortes chaleurs, et par suite de maladies de la vigne.

Ajoutons à ces données générales qu'il y a toujours avantage à ne pas laisser durer les vendanges et à remplir les cuves en un jour si c'est possible, afin que la fermentation ne soit pas arrêtée.

HUITIÈME PARTIE

Phylloxéra et Oïdium.

Avant de terminer ce résumé, ajoutons quelques mots sur une maladie qui tend à envahir de plus en plus nos vignobles et qui, si on n'y porte un remède prompt et énergique, les fera disparaître complètement de notre région, — le phylloxéra.

MOYEN DE LE CONNAITRE

On reconnaît le phylloxéra aux deux faits suivants :

1° Les radicelles de la vigne étant mangées par l'insecte, la végétation s'arrête et les branches de la vigne deviennent très courtes et ramifiées au bout ;

2° Les racines de la vigne sont boursouflées sur toute leur étendue ; une boursouflure indique certainement au moins un insecte.

L'œuf du phylloxéra est de couleur jaune, il met huit jours pour éclore dès que le sol à une température de 10 degrés environ.

Cet insecte a un suçoir qui est une véritable lance avec laquelle il traverse l'écorce et atteint les parties tendres de la vigne.

L'insecte subit deux ou trois mues en quinze jours, au bout de ce temps il commence à pondre, il fait pendant tout l'été environ 2 ou 300 œufs qui produisent des générations.

En automne les mères pondeuses meurent, il reste seulement quelques jeunes qui hivernent.

Au printemps ils se réveillent et recommencent à produire.

Quelques phylloxéras prennent des ailes, et transportés par le vent, se multiplient par essaim.

RECHERCHE DU PHYLLOXÉRA

Si la tache phylloxérique est bien marquée, si même quelques ceps sont morts, il faut rechercher l'insecte sur les souches voisines, sur celles qui sont encore vigoureuses et pleines de sève.

En hiver il est plus difficile à trouver à cause de son immobilité et du petit nombre d'individus.

Lorsqu'on se livre à cette recherche, on doit faire déchausser le ceps et couper soi-même les grosses racines à la naissance.

Alors avec l'ongle ou un couteau on enlève délicatement, près de la naissance de la racine, l'écorce superficielle, seulement, et c'est sous cette dernière qu'on apercevra à la loupe une multitude de points jaunes; ce sont des phylloxéras groupés ensemble.

On peut encore en trouver en enlevant des lames d'écorce le long de la partie souterraine de la souche.

MOYENS DE LE COMBATTRE

On peut indiquer comme moyen préventif l'emploi de bons fumiers résistants, comme ceux que nous avons conseillés et qui contiennent des matières végétales et des débris de bois, surtout lorsqu'ils seront arrosés avec des sulfates de fer et de cuivre qui sont des insectifuges.

Tant que les plantes auront des organes absorbants, ou assez de vigueur pour en émettre sur leurs propres ressources au commencement de chaque période d'activité, les engrais pourront atténuer le mal.

Mais dès que la vigne traitée de cette façon sera entourée d'autres vignes phylloxérées ou que le chevelu (organes absorbants) aura disparu par la maladie, les fumiers ne seront plus suffisants et la vigne sera vouée à une mort certaine si on n'emploie pas des moyens actifs.

Ces moyens sont au nombre de deux principaux, la submersion et les insecticides.

La submersion peut rarement s'employer dans nos terrains par suite de la trop grande pente et de la perméabilité du sol. Restent les insecticides qui sont le sulfure de carbone et le sulfocarbonate de potassium.

Le sulfure de carbone est extrêmement énergique par ses vapeurs sur le phylloxéra, mais son emploi est souvent dangereux pour la vigne qu'il affaiblit en mortifiant ses racines ; d'autre part, cette substance n'est purement qu'insecticide et n'a aucune influence sur la végétation. Son application doit être accompagnée de fortes fumures, qui augmentent considérablement le prix de revient du traitement.

Il reste le sulfocarbonate de potassium qui doit être appliqué partout où l'eau peut être amenée près du vignoble.

Le sulfocarbonate de potassium est livré au commerce sous forme d'un beau liquide rougeâtre. Il agit également d'une manière très énergique sur le phylloxéra et sur ses œufs qu'il tue à la fois par son contact et par ses émanations ; il renferme du sulfure de carbone qui est l'insecticide et de la potasse qui produit une grande influence sur la végétation et la récolte.

Le sulfocarbonate étant bien appliqué peut maintenir un vignoble en pleine prospérité et ramener à la santé les vignes les plus compromises.

On peut commencer à l'appliquer sur les parties les plus faibles et l'étendre ensuite sur tout le vignoble si on est satisfait du résultat.

Il doit surtout être employé après de fortes pluies pour diminuer la quantité d'eau que l'on doit mettre au pied des ceps. Un demi-litre de sulfocarbonate par hectolitre d'eau donne alors de bons résultats en mettant cinq ou six litres de cette composition par souche.

On fait autour du ceps une petite cuvette de dix à douze centimètres de profondeur ; comme il faut que le fond soit horizontal, ces cuvettes seront petites et étroites dans le sens de la pente et longues dans le sens perpendiculaire.

La construction des cuvettes peut être faite quelques jours avant le traitement, mais le mieux est qu'elle soit le plus rapprochée possible pour que la solution pénètre plus régulièrement.

Plusieurs propriétaires se sont très bien trouvés en faisant un traitement d'hiver au sulfure de carbone et un traitement de printemps, mai et juin, au sulfocarbonate de potassium.

Pour ces divers traitements, l'association rendrait de grands services par l'étendue et l'égalité du traitement, sa bonne exécution et surtout la diminution des frais.

Je compte employer cette année au printemps, dans un vignoble, le sulfocarbonate de potassium avec addition de fumier au pied de chaque souche.

Je vais essayer également l'engrais recommandé par un propriétaire de Veynes (Hautes-Alpes).

Il est important de faire le traitement quand le terrain est humide, pour diminuer la quantité d'eau à mettre au pied des souches, et ensuite parce qu'on a remarqué que dans les temps secs le phylloxéra descend dans le sol et remonte lorsque revient l'humidité.

Cela tient évidemment à ce que l'insecte ayant besoin, comme tous les animaux, d'oxygène pour respirer et vivre, ce gaz se trouve à la surface seulement lorsque la terre est humide.

OIDIUM

En parlant des maladies de la vigne, n'oublions pas l'oïdium et les moyens propres à le combattre, qui consistent généralement dans l'emploi du soufre.

ÉPOQUE ET MANIÈRE DE L'EMPLOYER

Le soufre est un minéral d'un jaune clair, très inflammable et qui exhale en brûlant une odeur forte et insupportable. Le plus employé avec raison est le soufre sublimé, c'est-à-dire celui qui a été réduit en poudre la plus menue pour qu'il puisse mieux s'attacher aux bourgeons et aux raisins.

Les époques du soufrage varient suivant les localités. Voici celles qui, chez nous, donnent les meilleurs résultats. La première dès l'apparition des raisins, la deuxième au moment de la fleur, et une troisième dès que les grains commencent à se former. Si la maladie venait à se montrer ensuite, il y aurait lieu de faire encore un ou deux soufrages avant que les raisins changent de couleur, mais pas plus tard, pour éviter le goût du soufre dans le vin et l'eau-de-vie.

Cette manière de procéder est employée en Suisse et les viticulteurs s'en trouvent très bien. M. Auguste Jore, ancien maire à Saint-Ismier, agissait de même et il obtenait toujours de belles récoltes.

On doit choisir, pour faire cette opération, un beau soleil avec un temps calme. Le premier soufrage est toujours celui qui donne les meilleurs résultats, étant fait dans de bonnes conditions et avec du soufre bien pur. On peut reconnaître sa pureté en le broyant entre ses doigts, il doit se réduire en poudre et ne point rester de grains.

Le soufrage bien fait a un autre avantage, qui consiste à favoriser considérablement la végétation de la vigne.

Il ne faut jamais soufrer par un temps pluvieux, le travail et le soufre seraient perdus, un ou deux jours de soleil sont nécessaires après l'opération.

Plusieurs instruments ont été inventés pour faire le soufrage; le plus simple, le plus commode, le moins coûteux est le soufflet ordinaire à l'usage de la vigne.

NEUVIÈME PARTIE

Composition et analyse du sol par les plantes.

Le globe de la terre est composé de deux couches, l'une fondue, l'autre cristallisée. La couche fondue représente le chaos.

Dans la couche cristallisée, l'eau est intervenue et a formé des rudiments d'engrais qui ont permis à la vie végétale de se développer.

Lorsque la surface terrestre se fut figée et refroidie le soleil devint l'unique source de chaleur, l'eau s'écoula dans les parties profondes et forma les mers, les vapeurs aqueuses montèrent pour se rassembler en nuages et retombèrent en pluie. La fertilité étant fondée, le règne végétal allait commencer, les conditions nécessaires à la formation des plantes étant réunies.

Pour qu'une terre soit fertile, il faut qu'elle contienne quatorze substances dont quatre nécessaires, indispensables aux végétaux qui sont : l'azote, la potasse, l'acide phosphorique et la chaux, ainsi que nous l'avons vu au commencement de cette brochure.

La terre contient encore quelques éléments assimilables, en réserve formés par des détritus de plantes et de minéraux non décomposés qui forment l'humus.

Il existe trois espèces de terrains propres à la végétation, qui sont les terrains calcaires, les terrains argileux et les terrains siliceux: Le sol qui contient ces trois principes, par égale part, est un terrain parfait. On peut tous les perfectionner, en y ajoutant par amendement ce qui leur manque.

ANALYSE DU SOL PAR LES PLANTES

A la simple inspection d'une terre cultivée on peut connaître les éléments de fertilité qu'elle possède et ceux qu'il faut lui donner.

La terre où le blé prospère, où les pois ne réussissent pas, est riche en azote et pauvre en potasse ; il faut lui donner de la potasse comme engrais.

La terre où les pois viennent bien, mais où le froment est chétif, est riche en potasse, pauvre en azote ; donnez-lui de la matière azotée.

La terre où les pois et le blé viennent également bien, mais où le blé est médiocre, est riche en azote et en potasse, mais pauvre en acide phosphorique ; donnez-lui des phosphates.

Si toutes les récoltes viennent bien, c'est que la terre contient l'engrais complet.

Si la vigne prospère dans un sol rocailleux et aride, c'est que ses racines vont puiser, dans les profondeurs de ce sol, la potasse et l'humidité qui lui est nécessaire.

Dans le champ d'expériences, établi à Vincennes par M. Georges Ville, la loi des dominantes est presque toujours mise à contribution pour cette analyse.

Examinons les pommes de terre.

Le champ d'expériences vous démontre que plus la potasse augmente, plus les tubercules sont gros et abondants.

Sans potasse, les feuilles se dessèchent et les tubercules sont rares, petits et malades.

Pour la vigne, c'est encore plus évident.

Point de potasse, point de raisin ; les feuilles tombent en été. Avec l'engrais à dominante de potasse, les ceps atteignent un grand développement et sont chargés de raisins.

On y remarque des parcelles de terre qui, depuis dix ans, n'y produisent que du blé et toujours aussi abondamment, parce qu'on leur fournit, par les engrais chimiques, la nourriture qu'elles exigent. L'engrais est donc la matière première qui transforme tout et il ne faut jamais cultiver la terre sans lui fournir tout ce que la culture doit y trouver.

Répétons donc encore : point d'engrais, point de récolte ; beaucoup d'engrais, beaucoup de récolte, porfits énormes.

Que l'on récolte ou que l'on ne récolte pas, le loyer de la terre, les labours, les frais de semence, les impôts sont les mêmes.

DIXIÈME PARTIE

Instruction agricole.

Il faut espérer que, prochainement, l'enseignement des premières notions d'agriculture sera donné dans toutes les écoles rurales. Cet enseignement sera une distraction utile et intéressante pour les enfants.

Un champ d'expérience, établi dans un coin du jardin de l'instituteur, servira à la démonstration pratique. On leur apprendra la valeur des engrais, leur composition, la manière de les tenir, la taille des arbres, etc.

Les enfants, émerveillés des résultats, iront colporter ces notions au domicile de leurs parents.

On devra leur enseigner que le travail de la terre est sans contredit le plus noble et le plus utile ; ainsi le considéraient les Romains, à l'époque où ils remplissaient le monde de leur gloire et de leur civilisation.

Etant plus instruits sur les moyens de faire produire, et la terre qu'ils travaillent donnant de plus gros rendements, les cultivateurs s'attacheront à leur sol et ne chercheront pas à le quitter ; ils suivront avec plus d'intérêt ce qui se dit dans les réunions agricoles et le mettront à profit.

Il faut donc que l'enseignement sur l'agriculture soit donné et mis en pratique dans les écoles rurales afin de chercher à faire des agriculteurs et non des instituteurs.

On arrivera également par l'association à se procurer des instruments perfectionnés qui sont trop chers pour un seul, comme un semoir et une bineuse qui permettront la culture du blé en lignes, et, par suite, à gros rendements; l'achat des engrais chimiques à meilleur marché, du soufre contre l'oïdium, des semences meilleures, et, surtout, à se garantir efficacement des maladies de la vigne.

Avec de bonnes charrues, des instruments perfectionnés, le travail à bras d'hommes diminuera sensiblement, on arrivera avec moins de peine à de meilleurs résultats.

Il faut donc entreprendre courageusement l'œuvre de vulgarisation des idées nouvelles autour de soi, chacun dans la mesure de ses moyens; c'est le but que je me propose en faisant ce résumé.

Donner le bon exemple, c'est la leçon la plus saisissante; on se moquera d'abord, mais comme l'intérêt personnel est en jeu, on vous demandera bien vite comment vous faites pour réussir. Renseignez généreusement les questionneurs; ils vous remercieront ensuite.

L'agriculture faite avec la science sera beaucoup plus intéressante que l'agriculture faite avec la routine; celui qui cultive y trouvera l'aisance avec le calme et la tranquillité; il saura allier l'agréable et l'utile, en encadrant sa maison de vignes et de rosiers.

La culture, la campagne c'est la source des idées pures et des pensées tendres.

Nulle part un ménage ne peut être aussi heureux lorsqu'il est intelligent et travailleur.

ONZIÈME PARTIE

Désastres.

L'agriculteur doit surtout s'armer de courage contre les coups de l'adversité ; il faut qu'il soit prévoyant et applique tous les moyens que lui donne la science pour le préserver des maladies, des parasites ; appliquer le chaulage, le sulfatage, les remèdes contre le phylloxéra et ne supporter que les fléaux qu'il ne peut pas empêcher, comme la gelée.

Il doit protéger les oiseaux qui sont nos auxiliaires les plus actifs dans la destruction des insectes, ainsi que les animaux moins gracieux, mais aussi précieux pour l'agriculture, tels que les crapauds, les chauves-souris, les hérissons ; si ces animaux vous déplaisent, éloignez-vous en, mais laissez-les vivre.

Servez-vous des assurances et garantissez par ce moyen vos habitations, vos récoltes. Vous ne travaillerez plus alors sous l'influence d'une ruine possible et vous appliquerez la devise qui restera éternelle : *L'union fait la force.*

DOUZIÈME PARTIE

Horticulture.

L'agriculture et l'horticulture sont sœurs, et l'étude des plantes et des engrais comporte aussi bien une branche que l'autre.

Tout ce qui s'est dit précédemment sur l'agriculture concerne aussi l'horticulture.

La culture des légumes peut se diviser en trois

catégories, suivant la partie du végétal que l'on consomme.

LÉGUMES FEUILLES

Les légumes feuilles, comme les épinards, l'oseille, la salade, les choux, poireaux, sont ceux dont on ne mange que les feuilles. Ils sont à dominante d'azote et demandent l'engrais n° 2, à la dose de 80 à 120 grammes par mètre carré, suivant l'état de la terre, ou une fumure très copieuse en fumier de ferme non décomposé.

Les deux engrais réunis donnent de très bons résultats, en fumant d'abord avec de l'engrais de ferme et en arrosant ensuite avec de l'engrais chimique liquide à base d'azote.

MM. Dudoury et Cᵉ, rue Notre-Dame des Victoires, à Paris, ont composé à cet effet un engrais chimique qu'ils appellent floral. On l'emploie en dissolution à raison d'un gramme par litre d'eau. Les différents numéros du floral sont spéciaux pour toutes les familles de légumes et de fleurs. Pour le légume à feuilles, c'est le floral n° 1.

LÉGUMES RACINES

Les légumes racines, comme les carottes, salsifis, navets, radis demandent les trois termes de l'engrais complet ou le n° 1. Ils veulent un fumier fait : on peut employer le floral n° 2.

C'est par la bonne tenue des engrais qu'on arrive à de belles productions ou culture intensive. Dans le jardin potager, plus que partout ailleurs, on doit faire profit de tout. Herbes des sarclages et des allées, feuilles, détritus de potager, tiges de légumes, débris d'artichauts, d'asperges ; en un mot, toutes les matières végétales qu'il est possible de se procurer. Toutes sont bonnes, à la condition de les employer fraîches. On les portera à la fabrique d'engrais faits dans les mêmes conditions que pour la grande culture.

On met tous ces détritus en tas et on obtient d'excellents composts. En remuant et arrosant souvent, on a du terreau indispensable dans le jardin potager. Les meilleurs effets s'obtiennent en associant à une demi-fumure de fumier une demi-dose d'engrais chimique.

Pour une culture quelconque, si l'on a des doutes sur l'engrais à employer, ou si l'on veut simplifier ses achats, c'est l'engrais type (n° 1) qu'il faut acheter. Cet engrais en poudre, très apprécié des jardiniers de Paris, se vend pour l'horticulture 50 cent. le kilo. Quelques kilos judicieusement employés transforment immédiatement la terre d'un jardin et triplent sa valeur productive.

Pour les semis et repiquages il faut se servir également de l'engrais type.

LÉGUMES GRAINES

Les pois, les haricots, les fèves sont à dominante de potasse. Ils exigent le fumier n° 4 ou les engrais de ferme très décomposés et renfermant beaucoup d'humus. On peut se servir également du floral n° 3 ou tout simplement des cendres ordinaires qui contiennent beaucoup de potasse.

ASSOLEMENT OU ROTATION

L'assolement ou rotation a lieu dans le jardin potager, comme dans la grande culture. C'est un élément de succès et d'économie. La première année on met une fumure maximum avec des légumes à production foliacée. La deuxième année ce carré reçoit, avec des terreautages, des légumes à racines. La troisième année le terrain ne recevra pas de fumier, mais un cendrage énergique avec des légumes à fruits secs. Enfin, la quatrième année, on peut y faire des melons ou courges sur capots.

GAZONS ET PELOUSES

Pour les gazons et pelouses il faut répandre l'engrais n° 1, dès que l'herbe commence à pousser, c'est-à-dire vers le milieu de mars, à dose moyenne de 100 grammes par mètre carré.

On s'en sert avantageusement pour détruire la mousse dans les prairies anciennes.

ARBUSTES A FLEURS

Pour les arbustes à fleurs de pleine terre, tels que rosiers, lilas, seringaz, il faut l'engrais n° 4 enfoui en béchant la terre à la dose de 150 grammes par mètre carré.

Un petit jardin tenu de cette manière devrait surtout avoir sa place chez l'instituteur.

ENGRAIS LIQUIDE

On a inventé pour l'arrosement des plantes en pot, en caisse ou en pleine terre, un engrais liquide très efficace et très facile à employer ; il est exclusivement horticole.

Cet engrais, qui a l'apparence de l'eau claire la plus limpide, n'en contient pas moins tous les agents de la fertilité, azote, acide phosphorique, potasse et chaux, en dissolution parfaite et immédiatement assimiliable par les plantes. C'est l'engrais des Parisiens pour leurs plantes d'appartement.

On en met une cuillerée à café par litre d'eau d'arrosage et l'on arrose comme avec de l'eau pure ; cet engrais convient à toutes les plantes et à toutes les terres.

Dans le commerce, cet engrais se vend 2 fr. le litre pour 500 litres d'eau ; les caoutchoucs, les résédas, les jacinthes s'en trouvent très bien; ils atteignent des proportions considérables et leur parfum devient plus intense.

Pour le jardin potager on doit employer de préférence l'engrais en poudre ; l'action est plus régulière.

Pour les plantes de serre ou d'appartement, l'engrais liquide est préféré, parce que le dosage et l'emploi sont plus faciles.

Pour l'arrosage des plantes d'appartement, il faut que l'eau soit tirée d'avance, et avoir soin de ne pas arroser les feuilles; cet inconvénient n'existe pas pour celles qui sont en pleine terre, car elles sont lavées par la pluie.

PLANTES D'APPARTEMENT

Les plantes cultivées dans les appartements ont deux ennemis principaux, la poussière et l'obscurité.

La poussière amène l'asphyxie en empêchant les plantes de respirer par leurs feuilles; quand la lumière manque, les matières vertes des feuilles ne se forment pas, la plante s'étiole et meurt.

Pour les maintenir en bonne santé, il faut les mettre le plus au jour possible, les épousseter, leur donner de l'air et les mettre à la pluie quand le temps n'est pas froid. Il faut surtout les arroser avec l'engrais liquide, de manière à suppléer par les racines ce qui manque du côté de l'air.

RESPIRATION DES PLANTES

Pendant le jour, sous l'influence de la chaleur et de la lumière, les plantes absorbent de l'acide carbonique, le décomposent, s'emparent du carbone et rejettent l'oxygène.

La respiration de l'homme et des animaux fait l'inverse; l'oxygène est absorbé et l'acide carbonique rejeté. Cet acide carbonique, en s'accumulant dans un espace clos, peut quelquefois produire l'asphyxie.

Nous voyons donc qu'avec le concours de l'eau, du soleil, de l'acide phosphorique, de la potasse, de l'azote et de la chaux, toutes les plantes de grande culture ou de jardin prennent leur essor et grandissent suivant la nourriture qui leur est donnée.

TABLE DES MATIÈRES

Pages.

AVANT-PROPOS 3

PREMIÈRE PARTIE

Cultures diverses............................. 6
Culture extensive................................ 6
Culture active.................................... 6
Culture intensive 7

DEUXIÈME PARTIE

Les engrais chimiques et le fumier........... 8
Lois des forces collectives et des dominantes 10
Culture du blé 10
Tableau des dominantes 11
Plantes qui tirent leur azote de l'air............ 11
Matières premières des engrais chimiques.......... 12
Azote... 13
Acide phosphorique................................ 14
Potasse 15
Chaux 15
Cendres des végétaux qui contiennent des principes utiles 16
Vigne... 16
Buis.. 17
Feuilles.. 18
Tableau indiquant les matières que contiennent les feuilles 18
Branches et brindilles de divers bois............. 19
Paille.. 19
Bauché 19

TROISIÈME PARTIE.

Engrais chimique employé seul et humus....... 20
Formules d'engrais chimique....................... 20
Céréales 22
Vigne... 23
Pommes de terre................................... 23

QUATRIÈME PARTIE

Assolements et écobuage....................... 24

CINQUIÈME PARTIE

Le fumier..................................... 25
Fumiers et engrais chimique mêlés................. 26
Manière de les confectionner 27

SIXIÈME PARTIE

Pages.

Achat d'engrais chimique...................................... 28

SEPTIÈME PARTIE

Soins à donner à la vigne..................................... 30
Sol favorable à la vigne...................................... 30
Provignage... 31
Taille de la vigne basse 32
Pleurs de la vigne... 32
Fumiers pour la vigne.. 32
Choix des cépages 33
Piochage, sarclage, binage................................... 34
Temps à choisir pour piocher et biner........................ 34
Époque du piochage et du binage 34
Ébourgeonnement, pincement et rattachement des bran-
  ches... 35
Échalas.. 36
Époque des vendanges 36

HUITIÈME PARTIE.

Phylloxéra et oïdium... 37
Moyens de connaître le phylloxéra............................ 37
La manière de le chercher.................................... 38
Moyens de le combattre....................................... 38
Époque et manière d'employer le soufre contre l'oïdium....... 40

NEUVIÈME PARTIE

Composition et analyse du sol par les plantes. 42

DIXIÈME PARTIE

Instruction agricole... 44

ONZIÈME PARTIE

Désastres.. 46

DOUXIÈME PARTIE

Horticulture... 46
Légumes feuilles 47
Légumes racines 47
Légumes graines 48
Assolement... 48
Gazons et pelouses... 49
Arbustes à fleurs.. 49
Engrais liquide 49
Plantes d'appartement.. 50
Respiration des plantes...................................... 50

BIBLIOTHÈQUE
R. P.

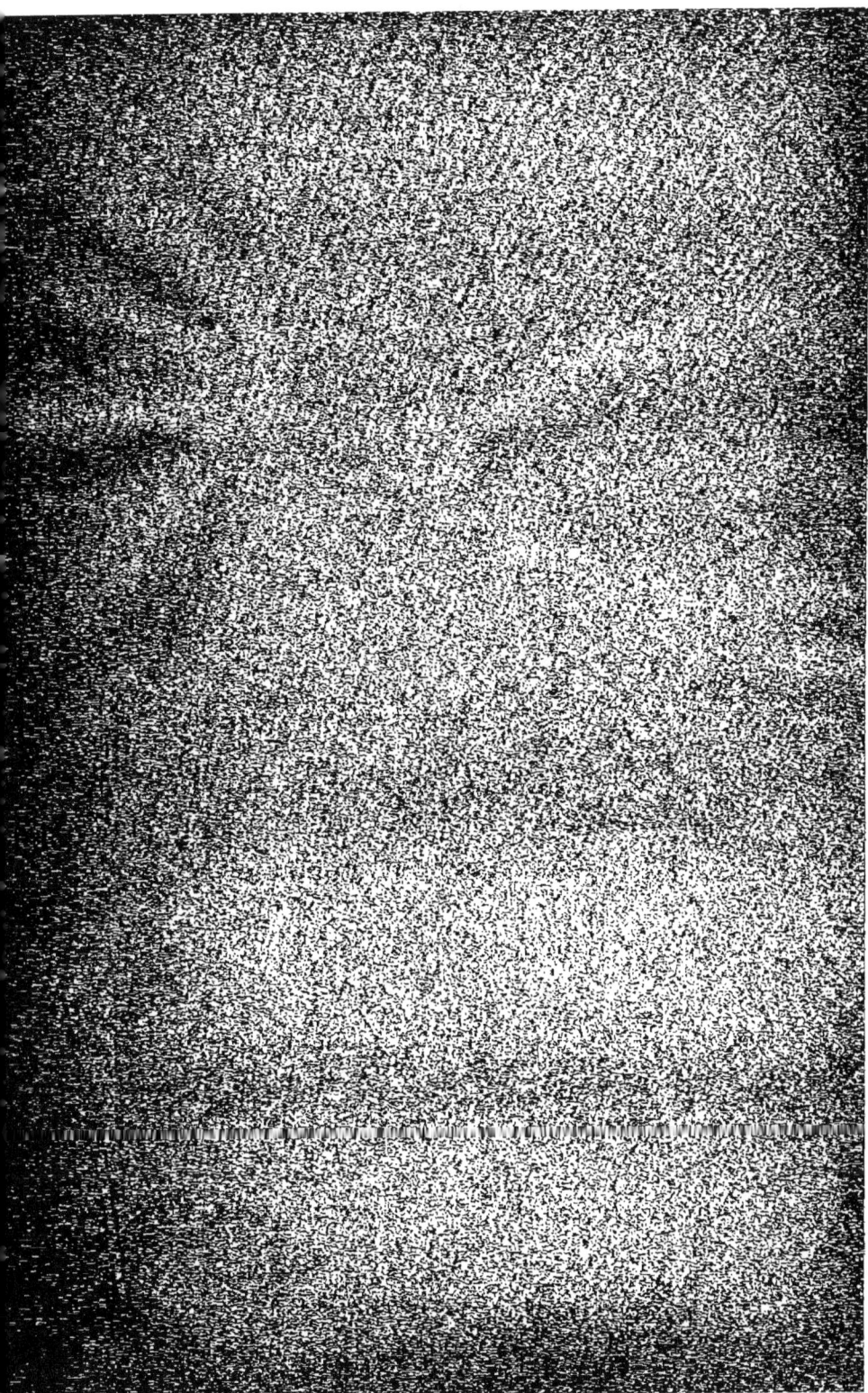

www.ingramcontent.com/pod-product-compliance
Lightning Source LLC
Chambersburg PA
CBHW071318200326

41520CB00013B/2823